L'obs...
et la ...
de la lumière

Peter D. Geldart
membre, RASC

Traduction Google :
Anglais vers français

L'observateur et la réflexion de la lumière

Peter D. Geldart
membre, RASC
geldartp@gmail.com

Environ 3 700 mots
10 x 15 cm
34 pages

Arial 8
Courier New 14, 18
Times New Roman 10, 11

2025

Petra Books
MBO Coworking
78, rue George, bureau 204
Ottawa (Ontario) K1N 5W1, Canada

Couverture : Une lune gibbeuse brille sur le lac Ontario. Vue vers le sud-ouest depuis le comté de Prince Edward, Ontario, Canada, le 18 août 2013 à 4 h 30. Recadrée. (Photographie de l'auteur)

Une version abrégée a été initialement publiée dans :
Reflector, v76, n° 3, p. 11, juin 2024, The Astronomical League
et
Amateur Astronomy Magazine, numéro 123, p. 48, 2024.

Résumé

L'une de nos conditions omniprésentes est d'être immergé dans le rayonnement, mais ce que nous voyons est limité par le spectre visuel, une sensibilité d'environ 1/10e de seconde et notre position. Loin d'être des limitations, ces contraintes nous offrent un cadre dans lequel nous pouvons naviguer, examiner et penser le monde. L'auteur examine les phénomènes, tenus pour acquis, du clair de lune sur l'eau et du soleil sur la neige pour montrer que notre position est cruciale : lorsque nous nous déplaçons, des reflets spéculaires brillants nous suivent sur l'arrière-plan diffus.

Geldart

Introduction

Je m'intéresse à la lumière qui nous entoure et à l'importance cruciale de ma position pour déterminer ce que je vois. Je ne m'intéresse pas outre mesure à la microphysique ou à la psychologie, mais plutôt à mon ancrage dans le monde physique : je perçois mon environnement à travers des éclats de lumière instantanés, reliés entre eux dans un continuum que je comprends par l'expérience, l'intuition et la raison.[1] À mesure que je bouge, ma perspective change, modifiant ma perception des surfaces lumineuses ou ombragées, et du chevauchement des objets. De tout le rayonnement électromagnétique dont un être omniscient pourrait être conscient, nous n'en percevons qu'une partie. Mais cette perspective subjective offre une clarté qui nous permet de discerner les formes, les panoramas et les étoiles. Elle nous permet de faire de la science et de la philosophie (seulement depuis environ quatre millénaires, il faut le dire). Cela me rappelle le roman Contact

---

1 Sans expérience, un nourrisson ne peut pas comprendre son environnement visuel, tout comme un astronaute nouvellement arrivé sur une planète étrangère, même la Lune, aurait beaucoup de mal à juger les formes et les distances.

de Carl Sagan.[2] dans lequel, pour paraphraser, un extraterrestre avancé explique à l'humain qu'il constitue une espèce intéressante, mais qu'il lui faut quelques millions d'années pour mûrir.

Cet essai s'inscrit dans ma tentative de comprendre, au sens large, la perspective de l'observateur. À travers la lentille incurvée de mon œil, je vois la lumière qui peut m'atteindre directement ou par ma vision périphérique, ce qui ne représente qu'une partie de celle qui est continuellement réfléchie et re-réfléchie dans l'environnement.

Il s'agit d'un vaste mélange de radiations impliquant l'interaction de milliards de photons et d'électrons.[3] Pourtant, je suis capable de

---

2 Contact est un roman de Carl Sagan. New York : Simon and Schuster. (1985) https://en.wikipedia.org/wiki/Carl_Sagan

3 Seule la lumière visible (environ 400 à 700 nanomètres), ainsi que certaines longueurs d'onde infrarouges, micro-ondes et radio plus longues, pénètrent notre atmosphère. Nos yeux ont évolué pour exploiter ce que l'on appelle le spectre visuel, car il est tout juste suffisant pour assurer notre survie. http://hyperphysics.phy-astr.gsu.edu/hbase/ems1.html

Le terme photon, ou électron, est une simple expression pratique : « Lâchez une pierre dans une eau calme : les

percevoir des contours discrets et des mouvements complexes à différentes vitesses et distances, sans parler de teintes et de textures subtiles, ainsi que, grâce à des instruments, de voir des détails à la surface de la Lune et des phénomènes astronomiques lointains.

Tout cela soulève une question existentielle. Il se pourrait que ce soit une rare combinaison de facteurs qui nous ait amenés à évoluer en êtres intelligents et voyants sur une planète au ciel souvent dégagé jour et nuit, nous permettant de poursuivre une science et une philosophie extraverties, c'est-à-dire capables d'appréhender une grande partie de la planète et du cosmos – contrairement, on peut l'imaginer, aux êtres intelligents vivant sur des mondes aqueux ou gazeux enveloppés.

---

particules d'eau montent puis redescendent. Ce sont les perturbations électromagnétiques (excitations d'amplitudes et de fréquences fluctuantes causées par des particules virtuelles) qui se propagent à la vitesse de la lumière, et non les photons.» — Rodney Bartlett, Université nationale australienne.
https://core.ac.uk/download/pdf/186330043.pdf#page=6

Je prendrai l'exemple du clair de lune sur l'eau et du soleil sur la neige pour examiner :

- la physique de la réflexion de la lumière dans la nature

et

- l'importance de la position de l'observateur.

Figure 1. Une lune gibbeuse brille sur le lac Ontario. Vue vers le sud-ouest depuis le comté de Prince Edward, Ontario, Canada, le 18 août 2013 à 4 h 30 (photographie de l'auteur).

Clair de lune sur l'eau

Imaginez-vous debout sur la plage d'un grand lac, regardant vers le sud (dans mon cas, l'hémisphère nord), sans aucune rive visible. La lune est à peu près à mi-chemin du zénith et projette sur l'eau une ligne scintillante, clairement centrée sur l'observateur (Figure 1).

Le reflet est plus dense sur une ligne allant jusqu'à l'horizon sous la lune, s'amenuisant sur les bords jusqu'à ne laisser apparaître que l'eau sombre. Certaines étincelles sont momentanément plus brillantes que d'autres, et toutes les quelques secondes, un scintillement lointain apparaît dans l'eau environnante. Cette bande scintillante est le résultat de la lumière des molécules d'eau qui sont alignées de manière similaire à un instant donné, de sorte que les rayons incidents sur les atomes génèrent des rayons dans ma direction. Plus précisément, je vois la lumière des atomes émettre des photons dans ma direction pendant un instant, dont le rôle est ensuite repris par d'autres.

Le scintillement du clair de lune sur l'eau est le résultat de nombreuses réflexions en cascade. Feynman (1963) utilise l'expression « la somme de toutes les intensités » :

« Dans une source lumineuse, un atome rayonne d'abord, puis un autre, et ainsi de suite. Nous venons de voir que les atomes ne rayonnent une série d'ondes que pendant environ $10-8$ secondes [10 nanosecondes ; après quoi] un atome a probablement pris le relais, puis un autre, et ainsi de suite... Avec l'œil, dont le temps de perception moyen est d'un dixième de seconde, il est certain qu'il est impossible de percevoir une interférence entre deux sources ordinaires différentes... Ainsi, dans de nombreuses circonstances, nous ne percevons pas les effets de l'interférence, mais seulement une intensité totale et collective égale à la somme de toutes les intensités.»

(Feynman, vol. I 32-4)

Cela explique pourquoi je vois une série d'étincelles le long d'une ligne jusqu'à l'horizon (la distance étant d'environ 5 km). Si je marche 100 m sur le côté, j'entre dans une zone où la lumière émergeant sous un angle similaire d'une autre zone d'eau me renvoie à nouveau la bande éclairée par la lune. La lumière scintillante m'a suivi. Comme les molécules d'eau ondulent constamment, de nombreux atomes peuvent m'envoyer des photons à tout instant. Au loin, la ligne est fixée au point azimutal de l'horizon sous la Lune, puis à moi sur le rivage. (Temporairement, je peux considérer la Lune comme fixe, bien qu'elle orbite vers l'est et que je sois sur la Terre, dont la rotation est relativement plus rapide vers l'est). Pour un autre observateur, par exemple à 1 km de moi, une bande éclairée par la lune sera dirigée vers eux.

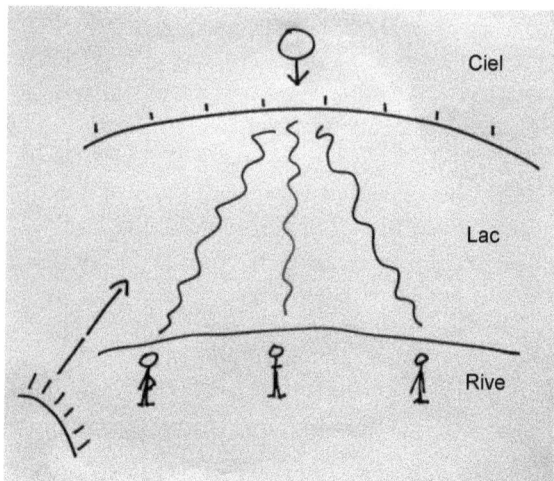

Figure 2. La lumière de la Lune brille approximativement parallèlement sur la face nocturne de la Terre et sur l'ensemble du lac. Chaque observateur voit sa propre trajectoire lumineuse vers la Lune, exactement comme le montre la figure 1. (Croquis de l'auteur).

Où qu'ils soient, les observateurs le long de la plage voient une apparition similaire (Figure 2), ce qui signifie que toute la surface de l'eau doit refléter ce que chacun l'observateur perçoit une lumière plus vive.

Imaginez une plage d'un kilomètre avec un poteau tous les 10 m, sur lequel une caméra est tournée vers le lac. L'examen de toutes les images révèle qu'une grande partie de la surface du lac est éclairée par un clair de lune scintillant. La vitesse d'obturation de la caméra est d'environ 1/100 de seconde, un million de fois supérieure à celle de Feynman (1/100 000 000 de seconde). La caméra aura donc reçu un grand nombre de photons pendant ce temps. L'image sera semblable à ce que l'œil humain perçoit : une bande brillante sur l'eau. Si nous pouvions enregistrer la scène à une vitesse d'obturation de 10 nanosecondes, seuls quelques photons seraient admis, uniquement ceux des atomes du lac alignés de manière à émettre un rayon vers la caméra à cet instant précis, et un seul « instant » de la scène serait capturé. L'image enregistrée ne montrerait alors qu'une poignée de points scintillants sur l'eau plutôt qu'une ligne cohérente, semblable à des cristaux de neige sur un champ de neige.

Qu'est-ce que la réflexion ?

Notre environnement naturel est presque entièrement éclairé par la lumière solaire réfléchie, bien que le terme « réfléchie » soit simpliste (mais je l'utiliserai quand même). Nous observons le résultat de milliards d'interactions entre photons et électrons. C'est le domaine de l'électrodynamique quantique (QED), « la théorie qui décrit les interactions des photons avec les particules chargées, en particulier les électrons » (Stetz, 2007).

Selon Feynman (1963, 1979) et d'autres chercheurs du domaine, les ondes lumineuses impactent une surface et transmettent de l'énergie aux électrons du matériau, les faisant « s'agiter » et émettre de nouveaux photons [4].

---

4 « Un faisceau de rayonnement frappe un atome et déplace les charges (électrons) de l'atome. Les électrons en mouvement rayonnent à leur tour dans différentes directions. » — Richard Feynman, Conférences Feynman sur la physique, 1961-1963. Vol. I, Fig. 32-2. https://www.feynmanlectures.caltech.edu/I_32.html

« Le comportement quantique des objets atomiques (électrons, protons, neutrons, photons, etc.) est le même

Steinhardt (2004) donne une définition de la lumière :

« La meilleure façon de concevoir la lumière est de la considérer comme une onde qui ne peut être émise ou absorbée que par quanta, mais qui, entre les deux, est une onde. Elle se déplace comme une onde, se diffracte comme une onde, se courbe comme une onde et interfère comme une onde. Cependant, elle n'est pas émise et absorbée comme une onde, mais comme une particule. C'est la fameuse "dualité onde-particule" de la mécanique quantique. »

(Steinhardt, 2004, p. 13)

---

pour tous ; ce sont tous des "ondes de particules". » — Richard Feynman, Conférences Feynman sur la physique, 1961-1963. Vol. III, 1-1.
https://www.feynmanlectures.caltech.edu/III_01.html

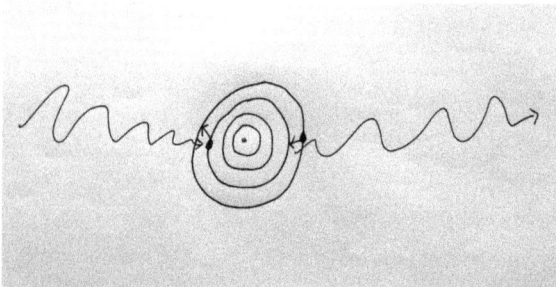

Figure 3. La réflexion de la lumière sur une surface peut être décrite comme suit : un photon (L) impacte un atome à la surface d'un objet, excitant un électron à se déplacer vers une « orbite » supérieure. Lorsque celle-ci devient instable, un électron descend vers l'orbite inférieure, ou un autre comble l'espace vide, et un photon est généré (R). (Schéma de l'auteur).

On pourrait dire que la lumière impactant un atome incite un électron à se déplacer vers une orbite plus élevée autour du noyau (Figure 3). L'atome est alors instable et, à un moment aléatoire, l'électron descend vers une orbite plus basse et un photon est émis (Polkinghorne, 2002), ou un électron libre proche « comble immédiatement le trou » avec un résultat similaire.

Loi de Snell [5] stipule que l'angle d'émission de la lumière doit être égal à l'angle d'incidence.

Il s'agit d'une description basée sur un modèle « planétaire » développé au début du 20e siècle par Rutherford [6] et Bohr [7].

---

5 Willebrord Snellius (1580–1626), astronome néerlandais dont les travaux furent préfigurés par les philosophes antiques et influencèrent Descartes, Fermat, Huygens, Maxwell et d'autres. La loi de Snell définit la relation entre l'angle d'incidence et l'angle de réfraction lorsque la lumière traverse différents milieux.
https://en.wikipedia.org/wiki/Snell's_law

6 Ernest Rutherford (1871–1937), physicien néo-zélandais qui a travaillé aux universités de McGill, Manchester et Cambridge.
https://www.nobelprize.org/prizes/chemistry/1908/rutherford/biographical

7 Niels Bohr (1885–1962), physicien danois qui a travaillé avec Rutherford à Manchester et a enseigné à l'Université de Copenhague.
https://www.nobelprize.org/prizes/physics/1922/bohr/biographical

Les modèles qui ont émergé depuis considèrent cependant que les électrons existent dans un nuage de probabilité autour du noyau d'un atome dans lequel leurs positions sont indéterminées, « … comme des abeilles bourdonnant autour d'une ruche, mais se déplaçant trop rapidement pour voir distinctement." [8]

---

8 Philip Ball (1962–), Les Éléments. Une très brève introduction. (p. 78). Oxford : Oxford University Press. https://en.wikipedia.org/wiki/Philip_Ball

Diffuse et spéculaire

Dans les environnements naturels, la réflexion diffuse, qui nous entoure, révèle principalement des couleurs et des nuances subtiles, tandis que nous observons occasionnellement des reflets spéculaires blancs : le soleil ou la lune scintillent sur l'eau, ou le reflet d'une toile d'araignée ou d'un rocher lisse. À l'époque de l'Anthropocène, on trouve bien sûr de nombreux exemples de réflexion spéculaire sur des objets artificiels, tant à l'intérieur qu'à l'extérieur.

Imaginez que vous survoliez le lac du haut d'un avion et que vous regardiez vers la plage, le soleil bas derrière vous. La lumière se diffuse uniformément sur toute la surface de la Terre et du lac. Comme la lumière frappe l'eau à un angle faible, on pourrait dire qu'elle provoque l'émission de photons par les électrons, plus probablement vers l'avant, en direction de la plage que vers d'autres directions. Vue de n'importe où sur le rivage, la majeure partie de l'eau paraîtra bleu-vert (réflexion diffuse du ciel et des environs), sauf sur une ligne dirigée vers le soleil qui apparaîtra d'un blanc éclatant (spéculaire). La lumière bleu-vert diffusée et la lumière scintillante sont émises simultanément vers différents observateurs depuis la même eau. Autrement dit, là où une personne voit une ligne scintillante, une autre (disons à 100 m de côté) voit une eau bleu-vert diffuse « normale », et elle peut voir sa propre ligne scintillante ailleurs. Le fait est que l'observateur est incité à voir un reflet spéculaire sur une ligne de l'eau qui s'étend de lui vers le soleil.

Me voici sur une petite barque sur un lac, regardant vers un soleil bas (Figure 4). Je vois une ligne d'eau scintillante vers le soleil ; ces réseaux d'atomes doivent être plus ou moins horizontaux de mon point de vue. Je perçois également de temps en temps des scintillements sur les côtés et parfois derrière moi, provenant d'atomes qui envoient momentanément des rayons à mes yeux.

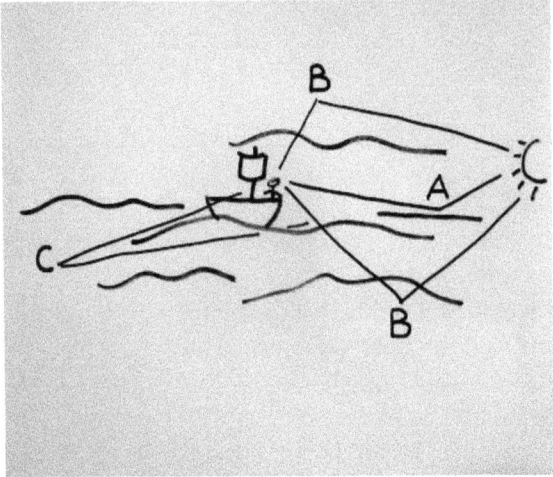

Figure 4. Avec le soleil devant (à droite), je vois une ligne de lumière spéculaire en (A) alignée vers la source, plus des étincelles occasionnelles sur les côtés (B), et parfois derrière (C). (Croquis de l'auteur).

Lumière du soleil
sur la neige

La réflexion spéculaire est également visible sur un champ de neige. Face au soleil, je vois de nombreuses petites étincelles disséminées sur le champ, peut-être un millier sur une surface de 10 m². Elles disparaissent et réapparaissent au gré de mes mouvements. C'est très précis : si je bouge le moins possible la tête (et non les yeux), le motif des points lumineux change, non pas adjacents, mais ailleurs sur le champ. Il y a plus d'étincelles lorsque je regarde vers le soleil que sur le côté ou derrière moi, où j'en vois environ la moitié. La lumière solaire incidente (y compris la lumière réfléchie par l'environnement) dynamise les électrons des atomes à la surface de la neige sur l'ensemble du champ, émettant ainsi des longueurs d'onde de la couleur de la neige de manière diffuse. Ce processus induit simultanément l'émission d'une lumière blanche brillante à spectre complet par les atomes qui émettent des photons selon un angle que je ne vois que si je me trouve à une certaine position par rapport au cristal de neige. Souvent, la lumière blanche se fragmente et des couleurs individuelles apparaissent. D'autres observateurs à proximité voient différents motifs de points lumineux sur le champ. Sur la neige, je perçois ces effets spéculaires jusqu'à une dizaine de mètres, tandis que pour le clair de lune sur l'eau, l'échelle est de quelques kilomètres. La bande lumineuse sur l'eau se déplace continuellement avec moi, car une multitude de molécules d'eau sont disponibles pour réfléchir la lumière de manière cohérente vers moi. Les atomes se bousculent et il y en a toujours un pour remplacer celui qui venait d'envoyer de la lumière à mon œil et qui ne le fait plus. Ils jouent le rôle des cristaux de neige ; autrement dit, le champ de neige est comme une nanoseconde figée des scintillements sur l'eau.

Le point de vue de l'observateur

D'autres scénarios soulignent la nature subjective de l'observation. Par une journée d'hiver dans les régions nordiques, il est évident que les arbres à feuilles caduques nus projettent de longues ombres sur la neige, qui s'étendent à ma gauche et à ma droite lorsque je suis face au soleil (Figure 5). Je me tourne dans l'autre sens et, le soleil derrière moi, je vois les longues ombres des arbres s'étendre jusqu'à un point de fuite à l'horizon, juste devant moi. Ce doit être une illusion, car sur les photographies aériennes verticales, les ombres des arbres sont parallèles. Au sol, là où je me trouve, j'ai l'impression d'être au centre d'une lentille géante.

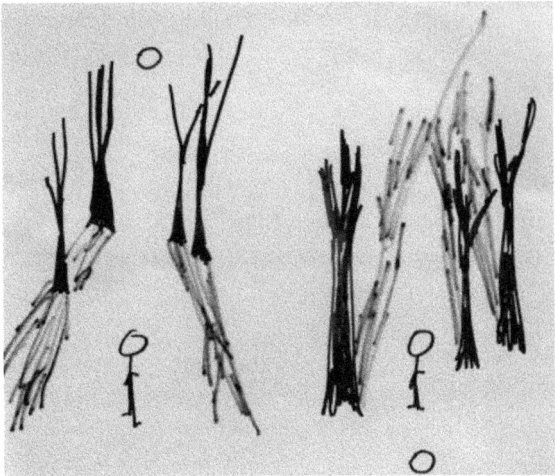

Figure 5. Les ombres des arbres se déploient sur mes côtés lorsque je fais face au soleil (à gauche) et convergent vers un point de fuite à l'horizon lorsque je me retourne et regarde dans l'autre sens (à droite). (Croquis de l'auteur).

Dans un autre exemple, similaire aux scintillements sur la neige, alors que je marche sur une route asphaltée face au soleil, je vois environ 10 % de la surface comme des points scintillants (le motif changeant à mesure que je me déplace) et le reste comme un noir terne diffus. Nous interprétons la coloration noire de la route comme sa couleur intrinsèque, mais lorsque nous voyons des points scintillants, nous interprétons cela comme venant de loin (c'est-à-dire du soleil) [9], bien que tous les photons proviennent des atomes de l'asphalte.

Encore une fois : au bord d'un ruisseau, je vois l'astre solaire se refléter dans l'eau, une image qui me suit à mesure que j'avance, une sorte de version condensée de la bande lumineuse sur le lac. Je pourrais parcourir des kilomètres (si c'était un long ruisseau rectiligne) et je verrais le même astre à mes côtés.

---

9 Ludwig Wittgenstein (1889-1951) y fait allusion dans ses notes de 1950-1951 : « Si l'impression est perçue comme transparente, le blanc que nous voyons ne sera tout simplement pas interprété comme la blancheur du corps.» Dans Remarques sur la couleur (p. 35, article 140), G.E.M. Anscombe (éd.). Oxford : Basil Blackwell (1977). https://en.wikipedia.org/wiki/Remarks_on_Colour

De retour sur la plage, en marchant, je me dirige vers des zones éclairées différemment par la lumière diffuse réfléchie et re-réfléchie (le rivage de la baie, les arbres au loin, l'eau, le ciel). La lumière du paysage à mon emplacement actuel est légèrement différente de celle de mon emplacement précédent. Il y aurait des milliers de paysages dans lesquels je pénétrerais en marchant. Laissez la ligne scintillante sur l'eau chevaucher un petit bateau ancré près du rivage. Lorsque je m'éloigne de 100 m sur la plage, le bateau est bien sûr toujours là où il était, mais il est maintenant hors du reflet spéculaire qui s'est déplacé avec moi, et la lumière de toute la scène devant moi a subtilement changé : il n'y a pas de fond de rayonnement « fixe », seulement un monde physique fixe d'objets, de surfaces, d'eau et d'atmosphère.

Figure 6. « Un missionnaire du Moyen Âge raconte qu'il avait trouvé le point où le ciel et la Terre se touchent... » [ellipsis in the original] Illustration in L'atmosphère météorologie populaire by Camille Flammarion. p.163. Paris: Librairie Hachette et cie. (1888). Online at https://archive.org/details/McGillLibrary-125043-2586/page/n175 and in the public domain at https://commons.wikimedia.org/wiki/ File: Flammarion.jpg

Conclusion

J'ai abordé certains aspects de la physique de la réflexion lumineuse et découvert que la lumière ne « rebondit » pas sur les objets, mais est absorbée par les atomes du matériau, et une nouvelle lumière est émise. Ma position est cruciale : la réflexion spéculaire s'aligne sur la source et se déplace avec moi sur le fond diffus. Les réflexions spéculaire et diffuse sont observées simultanément depuis les mêmes atomes par des observateurs séparés. Comment est-ce possible ? La mécanique quantique peut apporter des réponses, mais comme tout paradigme, elle sera un jour dépassée. Cela me rappelle les cailloux de Newton [10] et la gravure de Flammarion (Figure 6), allégories suggérant qu'il y aura toujours plus à découvrir.

---

10 "I seem to have been only like a boy playing on the seashore, and diverting myself in now and then finding a smoother pebble or a prettier shell than ordinary, whilst the great ocean of truth lay all undiscovered before me." — Isaac Newton (1642–1727) Fitzwilliam Museum, University of Cambridge. https://fitzmuseum.cam.ac.uk/objects-and-artworks/highlights/context/stories-and-histories/sir-isaac-newton

Les exemples de cet essai — qui pourraient tout aussi bien être le soleil sur l'eau ou le clair de lune sur la neige — suggèrent que chacun de nous vit dans une bulle optique et psychologique avec laquelle, par expérience, nous avons appris à vivre et à percevoir avec une grande dextérité notre environnement mouvant et les panoramas lointains. Le facteur favorable est que nous ne voyons que des éclats de lumière à chaque instant, un cadre qui nous permet d'examiner et de spéculer sur le monde.

Références

Feynman, R. (1963). Conférences Feynman sur la physique, 1961-1963. Vol. I, 26-3, 32-2, 32-4 ; Vol. III, 1-1, 32-2. Michael A. Gottlieb et Rudolf Pfeiffer (dir.), Pasadena : Institut de technologie de Californie. https://www.feynmanlectures.caltech.edu

Feynman, R. (1979). Conférences commémoratives Douglas Robb, Université d'Auckland, Nouvelle-Zélande. http://www.vega.org.uk/video/subseries/8

Polkinghorne, J. (2002) Théorie quantique : une très brève introduction. (pp. 11-13). Oxford : Oxford University Press. https://en.wikipedia.org/wiki/John_Polkinghorne

Steinhardt, P. (2004) 10. Lumière et physique quantique (p. 13). Université de Princeton, Département de physique. https://phy.princeton.edu/people/paul-j-steinhardt

Stetz, A.W. (2007) Une très brève introduction à la théorie quantique des champs (p. 5). https://sites.science.oregonstate.edu/~stetza/COURSES/ph654/ShortBook.pdf#page=5

www.ingramcontent.com/pod-product-compliance
Lightning Source LLC
Chambersburg PA
CBHW040759220326
41597CB00029BB/5053